Christian Benner

Fluß-, See- und Strandterrassen: Erforschungsgeschichte und ihr Wert für die paläogeographische Rekonstruktion

Die Flußterrassen der Maas

GRIN Verlag

Bibliografische Information der Deutschen Nationalbibliothek:

Die Deutsche Bibliothek verzeichnet diese Publikation in der Deutschen National-
bibliografie; detaillierte bibliografische Daten sind im Internet über http://dnb.d-
nb.de/ abrufbar.

Impressum:

Copyright © 2009 GRIN Verlag, Open Publishing GmbH
Druck und Bindung: Books on Demand GmbH, Norderstedt Germany
ISBN: 978-3-640-70028-8

Johannes Gutenberg Universität Mainz
Geographisches Institut

Hauptseminar:
Fluß-, See- und Strandterrassen:
Erforschungsgeschichte und ihr Wert für die paläogeographische Rekonstruktion
WS 2009/10

Die Flußterrassen der Maas

Abgabetermin: November 2009

Name: Christian Thomas Benner

Studienfächer: Geographie, Physik, Bildungswissenschaften (Lehramt an Gymnasien)

Fachsemester: 6

                                              Seite

1   Die Maas – Ein (ur-)europäischer Fluß

Maas / Meuse   *Maas, Meuse*

Zoet water, dat zout   *Sweet water, then salt*
En omgekeerd, dat wil   *And back again, that is what*
De Maas, stromend   *The Maas wants, flowing*

Door glooiend landschap.   *Through the rolling landscape.*
Lieflijk als een zilveraal,   *Lovely like a silvery eel,*
Zedig als Stella Maris.   *Chaste like Stella Maris.*

Moeder van het zoute   *Mother of the salt*
Het zoete, gezegend   *And the sweet, blessed be*
De schepen wijn en   *The ships full of wine and*

Engels vertier.   *English fun.*
Gezegend Tricht,   *Blessed Maastricht,*
De schim van Rimbaud,   *Rimbaud's ghost,*

De natte rug van   *The wet backs of the*
Kruiswegen, en het   *Stations of the Cross and the*
Steen van Veldeke.   *Veldeke's stone statue.*

Hans van de Waarsenburg (2000): Beschrijvingen van het meer

Die *Maas* (frz. *Meuse*) ist alt. SCHALLER ET AL. (2004) datieren das Alter der Maas auf 8,5 Millionen Jahre (8,5 Ma), d.h. ins *späte Miozän*. Möglicherweise, so VAN DEN BERG (1996), ist das Flußsystem der Maas sogar mehrere Millionen Jahre älter. Wenn der niederländische Lyriker H. VAN DE WAARSENBURG (2000) in seinem Gedicht „Maas/Meuse" eine andere, die heutige Maas beschreibt, nimmt man ihr Alter nicht wahr. Millionen Jahre mußten erst vergehen bis der heutige Verlauf des Flußes entstanden war und bis VAN DE WAARSENBURGS Verse wie „ [...] dat wil / De Maas, stromend / Door glooiend landschap. [...]" erfahrbare Gegenwart wurden. In der Tat durchfließt die Maas auf ihrem Weg in die Nordsee des öfteren „hügelige Landschaften". Landschaften, welche die Maas prägten und von dieser, immer auch aus humangeographischer (Kultur, Industrie, Handel, Schiffahrt, etc.) wie auch aus physischgeographischer (z.B. Ardennendurchbruch, Flussterrassenbildung, Ästuardelta mit dem Rhein (vgl. AHNERT, [3]2003: 258)) Sicht, geprägt wurden. Demnach hat die Maas viele Facetten, sie ist ein europäisches Gewässer: Als *Meuse* entspringt sie auf dem Plateau de Langres in **Frankreich**, fließt weiter durch die französischen Ardennen als *Canal du Meuse* (Maaskanal) bis Givet, um kurz danach als *Haute Maas* (Obere Maas) in den **belgischen** Teil der Ardennen vorzudringen, Dinants Felsenformationen zu passieren, in Namur Vorfluter des Sambre zu sein, kurz hinter Huy wieder als *Maas* die Ardennen zu verlassen und ab Maastricht durch die hügelige **niederländische** Provinz Limburg zu fließen, um als *Bergse Maas* im *Hollandsdiep* in die Nordsee zu münden (vgl. DIERCKE, [4]2000). In dieser Arbeit soll nun, wie der Name des Seminars bereits verrät, das Hauptaugenmerk auf die „Erforschungsgeschichte und deren Wert für die paläogeographische Rekonstruktion der *Flußterrassen der Maas*" gelegt werden.

2 Über die Genese der Maas(terrassen) – Ein historischer Abriß

Das Flußeinzugsgebiet der Maas (vgl. Abb. 1a und 1b) umfasst heute eine Fläche von ca. 33.000 km² und schließt damit Teile Frankreichs, Belgiens, Luxembourgs, Deutschlands und der Niederlande mit ein (DE WIT ET AL., 2007). Das gesamte Flußeinzugsgebiet kann noch einmal in drei größere *geologische Zonen* untergliedert werden. DE WIT ET AL. (2007) grenzen diese Zonen folgendermaßen ein:

1) *Lorraine Meuse* (flussaufwärts von Charleville-Mézières gelegen):
   Hier stehen vor allem *mesozoische* Sedimentgesteine an.

2) *Ardennes Meuse* (zwischen Charleville-Mézières und Liège gelegen):
   Hier dominieren *paläozoische* Gesteine des Ardennen Massivs, welches einen Teil des Ardennisch-Rheinischen Schiefergebirges bildet.

3) Die von Liège flussabwärts gelegene Maas:
   Hier, im niederländischen und flämischen Tiefland, liegen hauptsächlich *känozoisch* sedimentierte Lockergesteine vor.

Diese geologische Einteilung des Einzugsgebiets der Maas deckt sich mit einer weiteren Einteilung in *morphotektonische Einheiten* nach VAN BALEN ET AL. (2000); so bestimmen hauptsächlich drei morphotektonischen Einheiten den Verlauf der Maas bis heute (vgl. Abb. 1b):

1) Der nordöstliche Teil des *Pariser Beckens*
2) Das *Ardennen Massiv* als Teil des *Ardennisch-Rheinischen Schiefergebirges*
3) Der *Roer-Tal-Graben* bzw. das *Roer-Tal-Rift-System*

Abb. 1: Das heutige Flußeinzugsgebiet der Maas

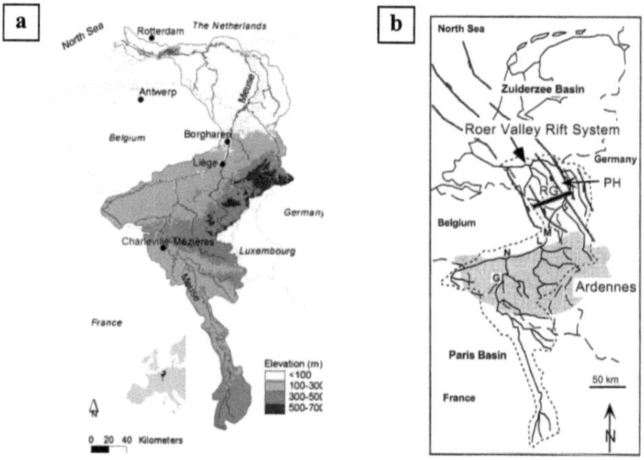

Legende:

RG: Roer-Tal-Graben
oder Rur-Tal-Graben
PH: Peel Horst
M: Maastricht
L: Liège
N: Namur
G: Givet

Quelle: DE WIT ET AL. (2007)

Quelle: VAN BALEN ET AL. (2000)

Der Verlauf der Maas hat sich in den letzten 8,5 Ma stetig gewandelt (vgl. Abb. 2). Die Entwicklung des Maas-Systems unterlag erheblichen kontinuierlichen Veränderungen. Ein besonderes Augenmerk soll im Folgenden auf die letzten 250.000 Jahren gelegt werden (vgl. Abb. 2c - *Early Pleistocene*): Die 2 wesentlichsten ***Flussanzapfungen*** verringerten die Größe des Einzuggebietes um ca. 10% (vgl. VELDKAMP/VAN DEN BERG 1993): Außer den Ardennen wurde auch ein Großteil der Vogesen durch die Maas entwässert, bevor die Mosel jenes südlichere Gebiet bei Toul anzapfte (vgl. VAN BALEN ET AL., 2000); außerdem ging durch Anzapfung ein kleinerer Teil an das Aire-Aisne-Seine-System verloren (vgl. VELDKAMP/VAN DEN BERG 1993). Erwähnenswert ist ferner die ***Änderung der Fließrichtung*** der Maas und des Rheins ab dem *späten Pleistozän* in den heutigen Niederlanden (vgl. Abb. 3): Durch das Vordringen des nordischen Inlandeises während der Elster- und Saale-Eiszeiten des *Quartärs* waren Rhein und Maas gezwungen ihren ursprünglich auf Norden ausgerichteten Verlauf hin zum heutigen, westwärts gerichteten Kurs abzulenken (vgl. BERENDSEN, 2005: 9-11).

Abb. 2: Zur Genese der Maas und des Rheins: Vom Miozän bis heute

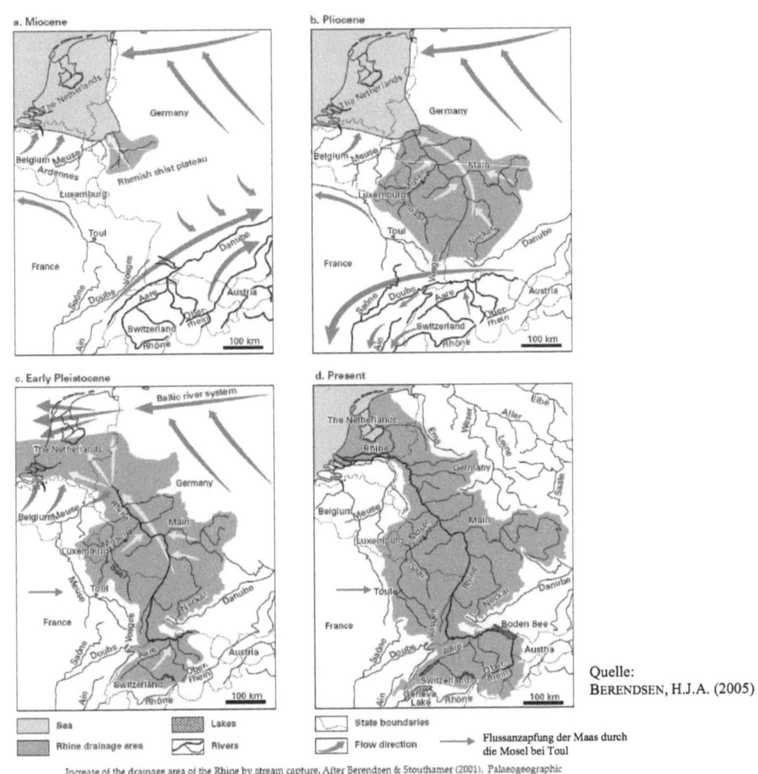

Quelle:
BERENDSEN, H.J.A. (2005)

Increase of the drainage area of the Rhine by stream capture. After Berendsen & Stouthamer (2001). Palaeogeographic situation during (a) the Miocene. The Rhine was a small stream, the Danube drained the Alps that were uplifted and folded. (b) Pliocene. The drainage area of the Rhine increased. The Alps drained to the Saône-Rhône. (c) Early Pleistocene. The Rhine extended its drainage area into the Alps. The Meuse extended its drainage into the Vosges mountains. (d) Present. The upstream part of the Meuse drainage was captured by the Mosel during the Saalian glaciation.

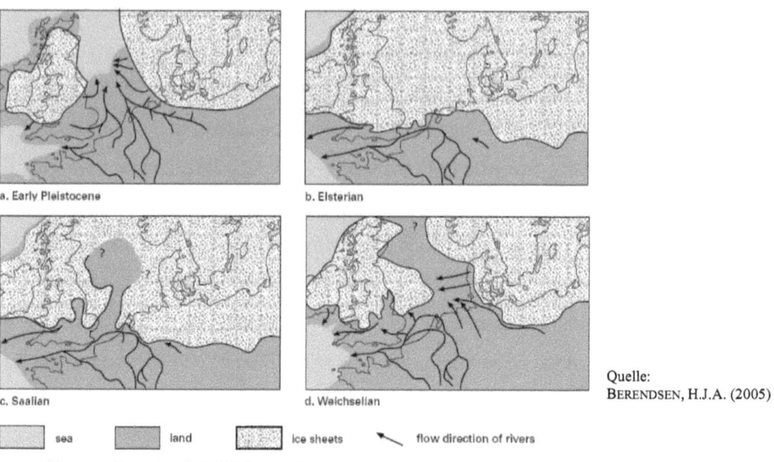

Um die Entstehung des Maas-Systems zu verstehen, ist es nötig als ersten Schritt einer Erklärung die tektonische *Hebung des Ardennisch-Rheinischen Massivs* im Zuge der *variskischen Orogenese* im *Paläozoikum* anzuführen. Sie bildet die Grundvoraussetzung für alle später folgenden tektonischen Ereignisse. So blieben folgedessen „in nachvariszischer Zeit [...] die Ardennen [...] weitgehend sedimentfreies Erosionsgebiet (WALTER, 2007: 180)." Das *Variskische Gebirge*, und somit auch die *frühen Ardennen,* wurden im Laufe der Jahrmillionen fast vollständig abgetragen, bis im *späten Oligozän* eine *erneute Hebungsphase* einsetzte. Als Folge dieser Hebung entwickelte sich ein dichtes *Gerinne- und Drainagesystem* auf dem Gebiet der heutigen Ardennen (vgl. VAN BALEN ET AL., 2002). Doch erst im *Miozän* kommt es mit fortschreitender Hebung zur Manifestation einer *frühen Maas* (vgl. WALTER, 2007: 194). Das Ausmaß dieser Hebung ist in Abbildung 4 (hier: seit dem *Mittleren Pleistozän*) dargestellt. W.M. DAVIS (1912) führt die im *Miozän* einsetzende *Fixierung* der Maas auf *Antezedenz* zurück: Die Maas floß schon vor Beginn der nur langsam verlaufenden Hebung jenen Verlauf, der heute so charakteristisch für sie ist, sie tiefte sich im Laufe der Jahrtausende in die Ardennen ein und wirkte so der Hebung erodierend entgegen (DAVIS, 1912: 173-174). Abbildung 5 geht mithilfe der original DAVIS'schen Textpassagen von 1912 (inklusive einer Abbildung der Maasschluchten um 1894) noch einmal näher hierauf ein. *Antezedenz* ist auch der Grund dafür, daß Maas und Rhein die einzigen Flüsse Mitteleuropas darstellen, die das *Ardennisch-Rheinische-Schiefergebirge* nahezu senkrecht zu seiner vorherrschenden *variskischen Streichrichtung* durchqueren, und ihren Verlauf nicht ebendieser angepasst haben (vgl. LUCIUS, 1949: 25). Etwa zeitgleich bildet sich im Zuge der morphotektonischen Hebung der Ardennen nördlich davon im *Miozän* eine weitere morphotektonische Einheit aus: Der zuvor bereits erwähnte *Roer-Tal-Graben* als Teil des *Roer-Tal-Rift-Systems*. Dieser dient seitdem der Maas als *Sedimentationszone* für ihre aus den Ardennen mitgelieferte *Flußfracht*, was die überwiegend *känozoischen* Sedimentgesteine bezeugen (vgl. VAN DEN BERG, 1994).

Abb. 4: Die Hebung des Ardennisch-Rheinischen Massives seit dem Mittleren Pleistozän

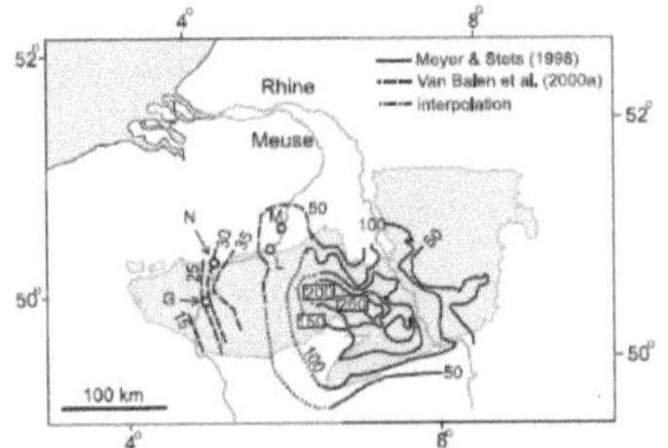

Quelle: VAN BALEN ET AL. (2004)

The dome-shaped early Middle Pleistocene uplift in the Ardennes and Rhenish Massif (shaded area), based on the vertical distance between the youngest Main Terrace and the present-day river beds of the Meuse and Rhine. Contours in metres. M = Maastricht, L = Liége, N = Namur, G = Givet. Modified after Van Balen et al. (2000a).

Abb. 5: Textauszug über die Antezedenz der Maas nach W.M. DAVIS (1912)

Die der Antezedenz günstigen Bedingungen sind zunächst eine große Wassermenge und ein schneller Lauf des betreffenden Flusses, ferner müssen sein oberes Talstück und seine Talseiten oberhalb der Hebung ein beträchtliches Relief haben, die Hebung muß langsam und von geringem Betrag sein, und die gehobene Masse darf schließlich keine allzugroße Widerstandsfähigkeit besitzen. Es ist natürlich nicht notwendig, daß alle diese günstigen Faktoren gleichzeitig vorhanden sind; es fehlen z. B. mehrere bei einem der am besten bekannten Fälle von Antezedenz, dem der Maas. Dort, wo sie von Frankreich nach Belgien nordwärts durch das Gewölbe der gehobenen Ardennen fließt, findet sich keinerlei Andeutung dafür, daß ihr Gefälle zur Zeit der Hebung bedeutend war, oder daß die Talseiten oberhalb, also im Süden der Ardennen, ein beträchtliches Relief hatten: die Wassermenge des Flusses ist nicht groß, die gehobene Fläche umfaßt eine breite Masse von widerstandsfähigem Gestein, und die Hebung muß wenigstens 500 m betragen haben. Diese muß sich also sehr langsam vollzogen haben, und doch wieder nicht so langsam, daß die allgemeine Erosion die frühere Oberfläche der aufgehobenen Masse völlig zerstören konnte. Die Reste der früheren Oberfläche sind in den heutigen Hochebenen zu beiden Seiten der Maasschlucht (Fig. 79) leicht zu erkennen. Obgleich es der Maas gelungen ist, in ihrem antezedenten Lauf zu beharren, ist die Vertiefung ihres oberen Tales durch die Hebung der Ardennen verzögert worden: wahrscheinlich hat sie deswegen zwei Nebenflüsse dadurch verloren, daß diese durch die tiefer eingesenkte Mosel und Seine abgelenkt wurden.[16]

Fig. 79. Die Maasschlucht in den Ardennen.

Quelle: DAVIS (1912): 173-174

Im *Roer-Tal-Rift-System* (RTRS) hat die Maas die Ardennen nun verlassen und verbreitert sogleich ihr *Flußbett* entlang des sogenannten *Midi-Aachen-Thrusts,* einer im Zuge der ardennischen Hebungen entstandenen SW-NE Störung im nördlichen Vorland der Ardennen, bis sie nach kleineren *antezedenten Durchbrüchen* durch vereinzelte „*Blöcke"* (z.B. Campine Block, Peel Block; hierbei handelt es sich um, im Vergleich zum eingefallenen Graben, *relativ gehobene* Flächen) den *Roer-Tal-Graben* erreicht, dessen Verlauf sie schließlich zu ihrer Mündung im *Nordsee-Basin* führt (vgl. VAN DEN BERG, 1994). Die Maas folgt nun, anders als in den Ardennen, überwiegend den geologisch vorgegebenen Störungsrichtungen. Als *Ost-Maas* fließt sie zunächst durch das Ost-Maas-Tal des Roer-Tal-Grabens, bevor sie im *frühen Pleistozän* westwärts driftet und fortan als *West-Maas* durch das gleichnamige West-Maas-Tal des Roer-Tal-Grabens strömt (vgl. SCHALLER ET AL., 2004). Diese Verlegung des Flußlaufes innerhalb des Roer-Tal-Grabens lässt sich wie folgt erklären: Der Graben selbst kann noch einmal in mehrere *kleinere Verwerfungen und Störungen* aufgeteilt werden, welche im Zuge der Hebung der Ardennen kleinräumig weiter einfallen oder leicht angehoben werden; das Ost-Maas-Tal erfuhr im *frühen Pleistozän* eine stärkere Hebung als das West-Maas-Tal, woraufhin die Maas ihren Verlauf dorthin ablenkte (vgl. VELDKAMP/VAN DEN BERG 1993).

Doch nicht nur die Hebung der Ardennen, das antezedente Einschneiden, das Einfallen des Roer-Tal-Grabens, die damit verbundene Bildung von geologischen Störungen/Verwerfungen und die Veränderungen im Einzugsgebiet durch Flußanzapfungen, etc. trugen zur Genese der heutigen Maas bei, sondern auch die massiven *Auswirkungen der sich abwechselnden Kalt- und Warmzeiten des Quartärs,* des „Eiszeitalters". Nur das *symbiotische Zusammenspiel* der ardennischen Hebungsphasen mit den sich abwechselnden *(Inter-) Glazialen* und *(Inter-) Stadialen* seit dem *frühen Pleistozän* kann die Bildung und Entstehung der vielen *Flußterrassen,* welche sich flußaufwärts des Roer-Tal-Grabens entlang des Verlaufs der Maas ausgebildet haben (dieses Gebiet wurde in seiner Gesamtheit angehoben), erklären (vgl. VAN BALEN ET AL., 2004). Größere Flüsse, so auch die Maas, werden stets von *terrassenförmig angeordneten Resten alter (Paläo-)Talböden* begleitet; sie zeugen davon, daß jene Täler nicht in einem kontinuierlichen Prozess entstanden sind. *Phasen der Ausräumung* bzw. *Eintiefung* wechselten sich ab mit solchen der *Stagnation* bzw. *Aufschotterung.* Während der *Kaltzeiten des Quartärs,* den *(Inter-)Glazialen,* wurde durch z.B. *Frostsprengung* und *Hangschutt* enorm viel *Verwitterungsmaterial* den Tälern zugeführt, welches die *braided rivers,* die *Wildflüße,* trotz der wasserreichen sommerlichen Monate nicht abtransportieren konnten. Hieraus resultierte eine Auffüllung der Täler durch Mengen an *Sand, Kies* und *Geröll.* Bei wärmeren und feuchteren klimatischen Bedingungen gegen Ende der Kaltzeiten und *aufkommender Vegetations-*

decke verlangsamte bzw. versiegte die Materialzufuhr. Die Flüsse, so auch die Maas, konnten sich nun einschneiden, jedoch nicht die gesamten zuvor aufgeschotterten Talausfüllungen ausräumen, sodaß infolgedessen Reste des ehemaligen Talbodens als *Schotterterrassen* erhalten blieben – bis heute. In den *quartären Warmzeiten*, den *(Inter-)Stadialen*, traten keine nennenswerten morphologischen Veränderungen ein: Bei einer ausgeglichenen Wasserführung hatten die Flüsse etwa das gleiche Abflussverhalten wie heute. Da im *Quartär* insgesamt die Eintiefung bzw. Ausräumung überwog, findet man die *jüngsten Flußterrassen zuunterst* in den Tälern vor (vgl. MEIER-HILBERT, 2001: 15-16). Nachfolgend aufgeführt verdeutlichen Abbildungen 6 und 7 noch einmal die soeben beschriebene Abfolge von warmzeitlicher Eintiefung und kaltzeitlicher Aufschotterung im Quartär.

Abb. 6: Schema (allgemein) zur Bildung der Flußterrassen des Quartärs

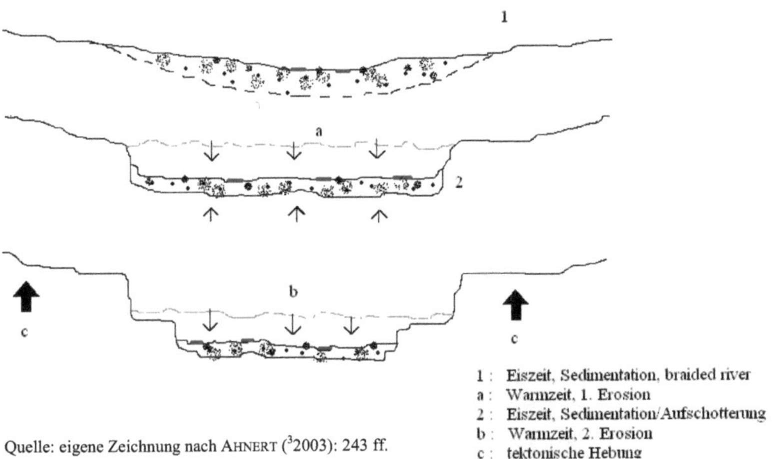

Quelle: eigene Zeichnung nach AHNERT (^{3}2003): 243 ff.

Abb. 7: Zusammenhang zwischen den Klimaschwankungen und der Ausräumung/Aufschotterung in den quartären Flußtälern

	Chronostratigraphy	^{14}C age	Average July temperature 5 10 15 °C	Fluvial style	Accumulation Incision
Holocene	Subatlantic	1000 2000 3000		meandering	
	Subboreal	4000 5000		straight-anastomosed	
	Atlantic	6000 7000		meandering	
	Boreal	8000 9000			
	Preboreal	10000			
Weichselian	Younger Dryas			braided	
	Alleröd	11000			
	Older Dryas	12000		meandering	
	Belling	13000			
	Pleniglacial	14000		braided	

Climate changes and changes in fluvial style during the Late Weichselian and Holocene (after Berendsen, Hoek & Schorn 1995).

Quelle: BERENDSEN, H.J.A. (2005)

3 Die Flußterrassen der Maas – anhand ausgewählter Standorte

Da die bis heute andauernde *Hebung des Ardennisch-Rheinischen-Schiefergebirges*, auch in jüngerer Zeit vor allem bedingt durch den *Manteldiapir* (bzw. *Plume*) unterhalb der *Eifel* (vgl. GARCIA-CASTELLANOS ET AL., 2000 bzw. H.J. NEUGEBAUER ET AL., 1983: 381ff), das gesamte flußaufwärts des Roer-Tal-Graben liegende Gebiet der Ardennen angehoben hat und *quartäre Klimabedingungen* auf das Tal der Maas eingewirkt haben, konnten sich im Laufe der Jahrtausende auf der Gänze des Flussverlaufs der Maas eine Vielzahl an Flußterrassen an den unterschiedlichsten Flußabschnitten herausbilden. Da im Rahmen dieser Hausarbeit nicht alle Flußterrassen erschöpfend erfasst werden können, ist es vonnöten Schwerpunkte zu setzen. Im Folgenden Kapitel soll daher lediglich auf die Terrassenbildung spezieller Flußabschnitte eingegangen werden, die beispielhaft für die Gesamtheit aller Terrassen der Maas stehen.

3.1 Flußterrassen der West- und Ost-Maas im Raum Maastricht

Morpho-stratigraphische Sedimentstudien der Maas im südlichen Teil des Roer-Tal-Grabens (niederländisch Süd-Limburg) zeigen eine Fülle von Flußterrassen in diesem Gebiet auf (vgl. VAN DEN BERG, 1994) . Abbildung 8 führt diese Terrassen im Folgenden anschaulich auf:

Abb. 8: Terrassen der West- und Ost-Maas in Süd-Limburg

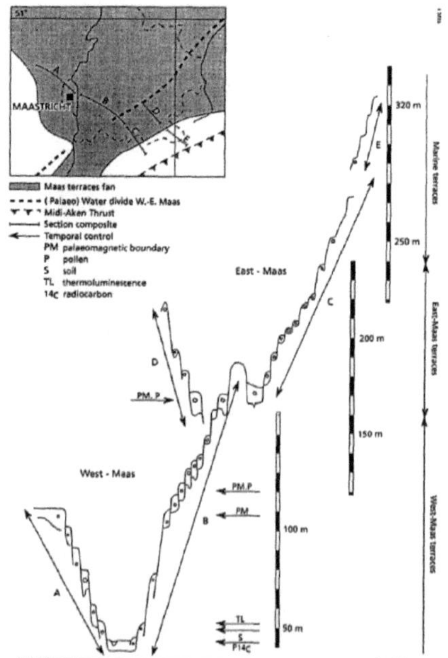

Quelle: VAN DEN BERG (1994)

Composite section of the Maas river terrace flight in South Limburg. For an indication of ages: the transition from marine terraces to fluvial (East-Maas) terraces occurred in the Mid Serravallian at about 13 Ma; the transition from East to West- Maas terraces occurred at around 2.1 Ma.

Das Untersuchungsgebiet bei Maastricht wandelte sich seit dem *Mittleren Miozän* vor ca. 13 Ma langsam von einer *seichten marinen Umgebung* hin zu einem *fluvial beeinflußten Flachland*. Diese neuerstandene *Küstenebene* ist im Südosten begrenzt durch eine *Paläo-Küstenlinie*, hiervon zeugen die *marinen Terrassen* aus Abbildung 8 (vgl. VAN DEN BERG, 1994). Die eigentlichen *Flußterrassen* der Maas entwickelten sich erst viel später, bedingt durch die einsetzende Hebung der südlichen Flanke des Grabens im Zuge der ardennischen Hebung und schließlich im Pleistozän durch die Abfolge von Warm- und Kaltzeiten. Im Folgenden soll lediglich auf die Flußterrassen, nicht aber auf die marinen Terrassen der Maas eingegangen werden (vgl. VAN DEN BERG, 1994):

Im Untersuchungsgebiet süd-östlich von Maastricht entwickelte sich ein Gebiet durchsetzt von ca. 30 Flußterrassen (davon 20 im West-Maas-Tal), deren *Entstehungsort* und *Entstehungszeit* sogar kleinräumig zum Teil stark variieren. So unterscheidet man *räumlich* die Terrassen der Ost-Maas von denen der West-Maas und solche der (älteren) *Haupt*-Terrassen von denen der (jüngeren) *Nieder*- und *Mittel*-Terrassen. Die *zeitliche* Dimension der Entstehung ebendieser Terrassen wird deutlich durch die *Höhendifferenz* zwischen den einzelnen *Terrassenstufen*. Der vertikale Abstand zwischen den marinen Terrassen der Paläo-Küstenlinie (ca. 13 Ma) und der ersten Flußterrassen der Maas, welche kalt-klimatische Bedingungen des *späten Pliozäns* bzw. *frühsten Pleistozäns* (ca. 2,7 - 2,4 Ma) bezeugen, beträgt lediglich 30 Meter. Dieser Abstand wird überbrückt durch 3 Terrassenstufen aus dem *späten Tertiär*. Die 30 Meter korrespondieren mit einer durchschnittlichen damaligen Hebung des Untersuchungsgebietes von ca. $3 \cdot 10^{-6}$ m / a (3 Millionstel Meter pro Jahr).

Abb. 9: Rekonstruierte Hebungsdaten mithilfe der Flußterrassen der Maas

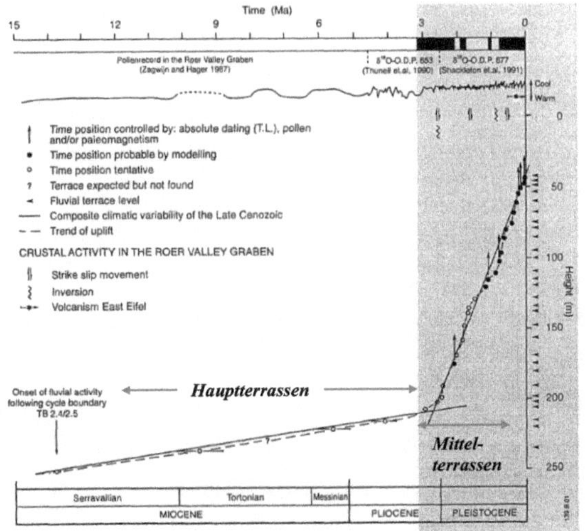

Quelle: VAN DEN BERG (1994)

Die verbleibenden restlichen knapp 27 Flußterrassen aus dem *Pleistozän* und *Holozän* weisen dagegen einen Abstand von ältester bis jüngster Terrasse von gut 160 Meter auf, was eine durchschnittlichen Hebungsrate von ca. $6 \cdot 10^{-5}$ m / a (60 Millionstel Meter pro Jahr) für diese Zeitspanne ergibt. Diese enorme Differenz in den Langzeit-Durchschnitten der Hebungsraten ein und desselben Untersuchungsgebietes stellt die Wichtigkeit der *Diskontinuität in den Raten der vertikalen tektonischen Bewegungen* heraus. Abbildung 9 arbeitet noch einmal die soeben beschriebene Diskontinuität graphisch auf; deutlich erkennt man den Übergang der zuvor erwähnten Haupt-Terrassen zu den Mittel-Terrassen. Zur Altersbestimmung der einzelnen Terrassen, ohne die eine Einordnung in eine erdgeschichtliche Ära und letzten Endes die Errechnung der Hebungsraten nicht möglich wäre, bediente man sich verschiedener Datierungs-Methoden, im Falle der Maasterrassen in Süd-Limburg waren dies u.a.: *Sedimentologische Daten, C-14-Analysen, Paläomagnetismus, Pollenanalysen, Paläoböden* und *Thermolumineszens-Datierung* (vgl. VELDKAMP/ VAN DIJKE, 1999 und SCHALLER ET AL., 2004).

3.2 Flußterrassen der ardennischen Maas im Raum Liège/ Namur/ Givet

Das Tal der ardennischen Maas wird, wie auch beim Rhein, durch einen relativ flachen und weitläufigen oberen Teil, überformt von großflächigen Terrassenstufen, und einen relativ steilen unteren Teil, geprägt von ebenso steilen wie kleinräumigen Terrassenstufen, charakterisiert. Terrassen der oberen Talhälfte werden, wie auch im Roer-Tal-Graben, zu den Haupt-Terrassen und derer älterer, Terrassen der unteren Talhälfte zu den Mittel-Terrassen und derer jüngerer gezählt. Abbildung 10a stellt diese Einteilung schematisch im *Querprofil* für die Maas und den Rhein dar. Im Falle der Maas werden die ardennischen Flußterrassen mit „T..." bezeichnet, wobei T4 die *Jüngere Hauptterrasse* bzw. die *Terrasse Principale* beschreibt, T1 bis T3 dagegen die *bedeutendsten Mittelterrassen* (vgl. VAN BALEN ET AL., 2000).

Das *Längsprofil* der ardennischen Maas in Abbildung 10b zeigt Terrassen bis T10, auffällig ist, daß vor allem bei Givet die älteren Flußterrassen nicht mehr vorhanden sind, die weiter flußabwärts wie –aufwärts jedoch kartiert wurden. Erklären kann man dies folgendermaßen: Im Raum Givet trifft ein ca. 10-15 km breiter *Schiefer-Gürtel* senkrecht auf das Maastal. (Physikalische) *Verwitterung* im *frühen Pleistozän* machte diesen, im Gegensatz zum ansonsten angrenzenden *Quarzit-Gestein*, mürbe, sodaß er durch *Solifluktion* bzw. *Gelifluktion* abgetragen werden konnte und die Gesteinsmassen von dem damaligen „braided river" Maas abtransportiert wurden. Die von der Maas in diesem Schiefer-Gürtel zuvor gebildeten älteren Hauptterrassen gingen so allmählich verloren. Der gesamte Raum um Givet erfuhr als Folge der Abtragung des Schiefers im mittleren Pleistozän aufgrund des nun im Vergleich zum Umland relativ leichteren Gewichtes eine kleinräumige Hebung. Die Maas arbeitete dieser *isosta-*

tischen Hebung erodierend entgegen und entwickelte so die in Abbildung 10b aufgeführten Mittelterrassen (vgl. VAN BALEN ET AL., 2000 bzw. BERNERS, 1983: 108 ff). Die ardennischen Maasterrassen ähneln denjenigen, die sich in den Tälern des Roer-Tal-Grabens ausgebildet haben sowohl in Entstehungsart und –zeit. Abbildung 11 arbeitet dies sehr anschaulich heraus. Auf weitere *kleinere Besonderheiten* wie z.B. den Einfluß von Flußanzapfungen in den Gebieten um Namur und den Vogesen auf die Ausbildung der dortigen Flußterrassen, geht A. PISSART (1961) durch sein Terrassenstudium in seinem Werk „*Les Terrasses de la Meuse et de la Semois*" sehr detailliert ein; dies erschöpfend wiederzugeben würde hier jedoch zu weit führen. Auch aus durch das Studium der Flußterrassen der ardennischen Maas gelieferten Daten werden Hebungsraten errechnet, welche uns auf die Hebungshöhen aus Abbildung 4 führen. Raten wie z.B. 0,5 mm/a (0,5 Millimeter pro Jahr) in den nordöstlichen Ardennen und der Eifel sind keine Seltenheit (vgl. DEMOULIN ET AL., 2009). DEMOULIN ET AL. (2009) beziehen als mögliche Gründe für die *ardennischen Hebung* seit dem Oligozän auch sogenannte „*far-field stresses* (ebd., 2009)" mit ein, d.h. sie räumen neben dem *treibenden Eifel-Vulkanismus* auch Prozessen, welche als Folge der *Alpidischen Faltung* und der *Bildung des Mittel-Atlantischen-Rückens* aufgetreten sind, eine nicht zu vernachlässigende Bedeutung ein; Hebungen von *stellenweise* über 500 m (vgl. Abb. 4) seien anders nicht zu erklären.

Abb. 10:   Schematisches Querschnittprofil der ardennischen Maas und des Rheins –
Längsprofil der ardennischen Maas

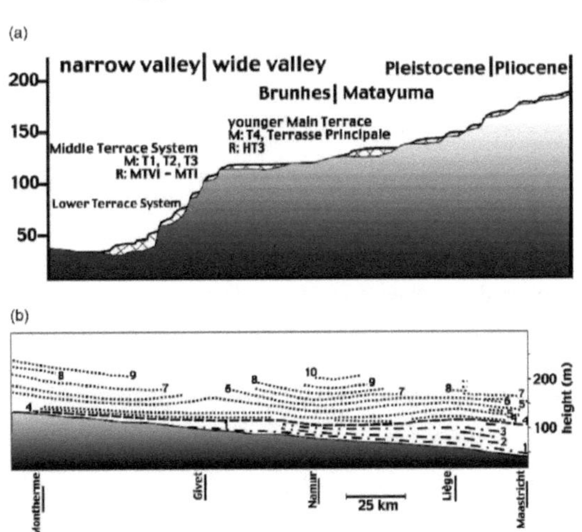

Quelle: VAN BALEN ET AL. (2000)

(a) Schematic typical valley morphology for the Meuse and Rhine rivers, showing the position of the terrace systems and the difference between the wide upper part of the valley and the narrow lower part. This sketch is based on a cross-section through the Rhine valley in the Rhenish Massif (Meyer and Stets, 1998). R = Rijn terrace, M = Meuse terrace. (b) The terrace system along the Meuse river in the Ardennes (after Pissart et al., 1997). The dashed terrace level is T4, the youngest Main Terrace of the Meuse. Dotted terraces are older than the Brunhes–Matayuma boundary, dashed-dotted terraces are younger. The terrace stratigraphy shows deformations around Givet and between Namur and Liège.

Abb. 11: Vergleich der Flußterrassen der Ardennen und des Roer-Tal-Grabens

Correlation of terraces and fluvial sequences, and age estimates

Ardennes (Pissart et al., 1997)	Liège (Juvigné and Renard, 1992)	Maastricht (Van den Berg, 1996)	Roer Valley Graben	Age—this paper	Age—Felder and Bosch (1989)	Age—Van den Berg (1996)
x	x	Gronsveld (Mechelen aan de Meuse)	Kreftenheye	0.014		0.014
x	Vivegnis	Eisden–Lanklaar	Veghel-C	0.13	0.13	0.13
T1	Jupille	Caberg-3, 0.25#	Veghel-B	0.25	0.25	0.245
x		Caberg-2	Veghel-B			0.33
x	Caberg	Caberg-1	Veghel-B			0.42
T2	Trou–Louette	Rothem-2	Veghel-B	0.43	0.52	0.51
x	Cornillon	Rothem-1	Veghel-A (P)			0.62
T3	Fouron-le-comte	Gravenvoeren	Veghel-A	0.65		0.715
x	Lorette	Pietersberg-3	Sterksel, Weert h.m.z.			0.78
x	x	Pietersberg-2	Sterksel, Woensel and Weert h.m.z.			0.87
T4 (N)	Hermée (N)	Pietersberg-1	Sterksel, Woensel h.m.z. (N)	0.72	0.7	0.955
T4'	Eben-St. Geertruid U–Th, U–U: 0.62–1.1 Ma	Geertruid-3	Sterksel, Sterksel and Budel h.m.z. (R)	0.85		1.03
T5 ?	Bombaye	Geertruid-2	Sterksel, Sterksel and Budel h.m.z.			1.09
T5	Wonck	Geertruid-1	Sterksel, Sterksel and Budel h.m.z.	1.1	1.05	1.28
x	Lixhe	Valkenburg-2	Kedichem			1.5
T5'	Hognee	Valkenburg-1	Kedichem		1.3	1.57
x	x	Sibbe-2	Kedichem			1.69
T6	Trembleur	Sibbe-1 Margraten Simpelveld-2	Tegelen (?)	1.5	1.41 1.8	1.74

R, N: reversed and normal paleomagnetic data; #: thermoluminescence data; P: pollen data; h.m.z.: heavy mineral zones in the Sterksel Formation; U–Th, U–U: radiometric data from carbonate cements.

Quelle: VAN BALEN ET AL. (2000)

Ein weiterer Forschungsansatz ist die *Bestimmung des abtransportierten Erosionsmaterials* in km^3 : Hierzu errechnet man ausgehend von einer bestimmten Flußterrasse, meistens T4, das Volumen des erodierten Materials in den Ardennen und vergleicht dieses z.B. mit demjenigen Volumen, das aus Bohrproben im *Sedimentationsbecken Roer-Tal-Graben* errechnet worden ist. Auf diese Weise ist es möglich *(Paläo-) Flussverläufe nachzuvollziehen*; die Methode wurde im Falle der Maas des öfteren angewandt (vgl. VAN BALEN ET AL., 2000). DEMOULIN ET AL. (2009) beziffern das Volumen des durch *Flußeinschneidung* und *Denudation* abgetragenen Erosionsmaterials in den Ardennen seit den letzten 0,7 Ma, d.h. seit der Bildung der *Terrasse Principale* T4, auf ca. 376 km^3.

4 Diagnostische Bedeutung der (Maas-)Flußterrassen

„Obwohl sie meist recht unscheinbare Landformelemente sind, besitzen Flußterrassen erhebliche Bedeutung als Anzeiger der endogenen und exogenen morphologischen Entwicklung des Gebietes, in dem sie auftreten (AHNERT, [3]2003: 248)."

Wie das obenstehende Zitat bereits erkennen lässt, besitzen Flußterrassen eine herausragende Stellung als Diagnosemittel zur näheren Erforschung der Genese eines Flußes oder Gebirges. FRANK AHNERT ([3]2003) unterstreicht die *diagnostische Bedeutung von Flußterrassen*, indem er **vier** *allgemeine Flußterrassen-Analysemethoden* hervorhebt, die einen essentiellen Platz in der Erforschung und Rekonstruktion von Landschafts- und Landformen einnehmen; sie sind im Folgenden aufgeführt und werden auf die Maas(-terrassen), wo möglich, übertragen:

1. So sind Flußterrassen stets Reste ehemaliger Talböden; ihr (ursprüngliches) Längsgefälle beschreibt daher immer das *Längsgefälle des Tales zur damaligen Zeit.* Man nutzt diesen Umstand u.a. beim Verfahren der *Terrassenkorrelation*: Mithilfe eines Höhenlagenvergleiches und einer vergleichenden Analyse der den Terrassen innewohnenden Sande bzw. Schotter bezüglich Korngröße, Gesteinsarten, Schwermineralen und Verwitterungszuständen kann die *Kontinuität des ehemaligen Talbodens* rekonstruiert werden (vgl. AHNERT, [3]2003: 248). Auf die Maas-Terrassen bezogen, konnte man ebendieses Verfahren z.B. in den Ardennen anwenden, um zu bestätigen, daß flußaufwärts und –abwärts von Givet die Terrassen gleichen Alters und gleicher Entstehung sind (vgl. Kapitel 3.2 und Abb. 10b).

2. Der *vertikale Abstand zweier Terrassenniveaus,* deren Altersunterschied bereits bekannt ist, ermöglicht die Bestimmung der *Rate der Taleintiefung* bzw. *Gebirgshebung:* „So wird z.B. die Hebungsgeschichte eines Gebirges aus der Korrelation und Datierung der Terrassen seiner Flüsse erschlossen (AHNERT, [3]2003: 248).“ Für die Erforschung der Maasterrassen wird diese Methode ebenfalls verwendet (vgl. Kapitel 3).

3. Im nördlichen Roer-Tal-Graben sowie im Nordsee-Basin kommt es bei der Maas, wie auch beim Rhein, zu sogenannten *Terrassenkreuzungen*: Senkt sich ein Gebiet tektonisch ab, so entsteht z.B. ein *Graben* oder eine *Synklinale (Becken, Basin)*; floß zuvor ein Fluß, z.B. die Maas, durch dieses Gebiet und schuf dort Flußterrassen, so stellt sie diesen Prozess nun ein, Tiefen- und Seitenerosion findet kaum noch statt, stattdessen wird die Flußfracht akkumuliert (vgl. Kapitel 2). So kommt es, daß die *ältesten Sedimente* (Schotter und Sande) *zuunterst* anzutreffen sind und *die jüngsten zuoberst;* im Regelfall ist dies genau umgekehrt, es kam also zu einer *Kreuzung der Terrassensedimente* durch Aufschüttung (vgl. AHNERT, [3]2003: 249).

4. Schemata von *Talquerschnitten* (vgl. Abb. 6) zeigen oft ganze Terrassentreppen mit identischen Niveaus bzw. Stufen auf beiden Talseiten. Dies erweckt den Anschein, daß die Talsohle in jeder Eintiefungsphase schmäler geworden sei; *eine solche Entwicklung ist jedoch eher selten anzutreffen.* In der Regel hatten die ursprünglichen Talböden der unterschiedlichen Niveaus eine ähnliche Breite, nur an geschützten Stellen des Tals überdauerten die Reste der Talböden als Terrassen (vgl. ZEPP [3]2002: 164-165). „Tatsächlich ist daher ein bestimmtes Terrassenniveau in einem gegebenen Talquerschnitt häufig nur an einer Seite des Tals erhalten, talauf oder talab davon auf der anderen Seite

(AHNERT, ³2003: 249)." Dieser Umstand hilft dabei, den Verlauf von Flüßen besser nachvollziehen zu können. Abbildung 12 stellt einen solchen „natürlicheren" Talquerschnitt schematisch dar. Auch das Tal der Maas, z.B. bei Roermond, weist die oben erwähnte Eigenschaft individuell verteilter Terrassenvorkommen auf (vgl. Abb. 13).

Abb. 12:   Schematischer Talquerschnitt mit Terrassenbildung an einer Talseite

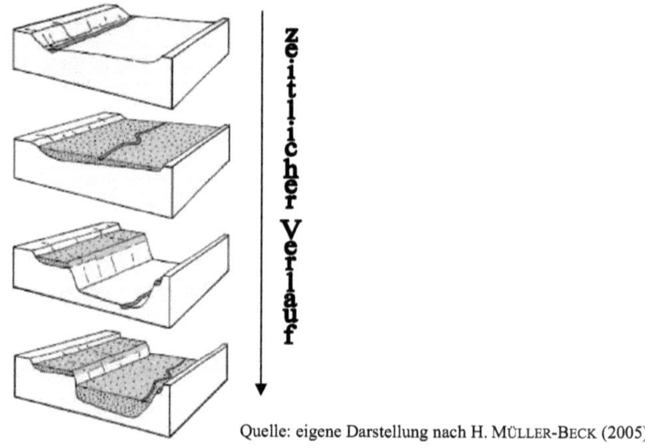

Quelle: eigene Darstellung nach H. MÜLLER-BECK (2005)

Abb. 13:   Die Maasterrassen bei Roermond als Beispiel für einen natürlichen, nicht-symmetrischen Talquerschnitt ähnlich Abb. 12

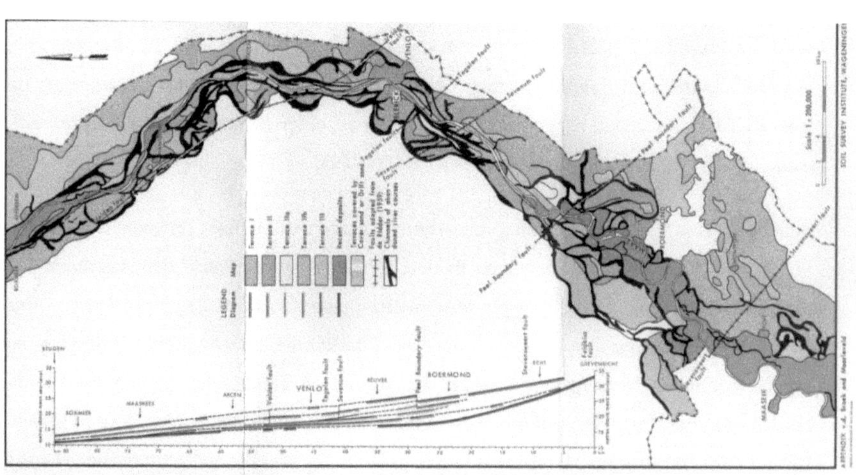

Quelle: Soil Survey Institute, Wageningen (o.J.)

5   Fazit – Flußterrassen als wertvolle Zeugen der Vergangenheit

Die „Erforschungsgeschichte und deren Wert für die paläogeographische Rekonstruktion der *Flußterrassen der Maas"* aufzeigen... erinnern Sie sich? Hierauf sollte, wie in Kapitel 1 bereits eingangs erwähnt, in dieser Hausarbeit das Hauptaugenmerk gelegt werden. Mein erklärtes Ziel war und ist es, dem Leser ebendies näher zu bringen. Am Ende einer jeden Hausarbeit stellt sich somit immer die Frage: „Ist dies gelungen?" Nun, in Anbetracht der Tatsache, daß die *Erforschung der Maasterrassen*, bis auf wenige Ausnahmen, *ein eher jüngeres Forschungsgebiet* darstellt (was die unzähligen, überwiegend niederländischen, Publikationen neueren Datums belegen) und somit ältere Literatur kaum vorhanden ist, denke ich, daß diese 16 Seiten doch einen überschaubar kleinen, aber feinen Einblick in die *„ (Erforschungs-) Geschichte* und *Paläogeographie* der Maas" geben konnten.

An dieser Stelle bleibt mir nun nichts weiter, als kurz das Vorangegangene zu resümieren: Das Alter der Maas ist beachtlich, auf mindestens 8,5 Ma blickt die Maas zurück. In dieser Zeit hat sich das *Relief Mitteleuropas* grundlegend gewandelt. Es sind nicht zu letzt die Flußterrassen der Maas, die dies bezeugen können: Die Entstehung der frühsten Flußterrassen, der Hauptterrassen, lässt sich auf eine langsam beginnende *Hebung der Ardennen* im Oligozän zurückführen, die auch den *Roer-Tal-Graben* einstürzen ließ. Ausräumungs- und Aufschüttungsphasen, bedingt durch die *Warm- und Eiszeiten* des Pleistozäns, wechselten sich ab und ließen ebenfalls sogenannte *Aufschüttungsterrassen* entstehen. Betrachtet man den *Talquerschnitt* der Maas in den Ardennen oder in den Tälern des Roer-Tal-Grabens, so fällt auf, daß sich die Maas ab einem bestimmten Punkt urplötzlich stärker eingetieft hat als zuvor. Dieser Punkt markiert den Übergang von der *Jüngeren Hauptterrasse* bzw. *Terrasse Principale* zur ersten *Mittelterrasse*. Dies ist ein entscheidender Hinweis auf eine erneute, diesmal stärkere, *Phase tektonischer Hebung* seit dem Pleistozän, die bis heute andauert; als ursächlich hierfür betrachtet man einen *Diapir* (*Mantle-Plume*, d.h. aktiver *treibender Vulkanismus*, vergleichbar einem *Hotspot*) unterhalb der *Eifel* - ein östlich der Ardennen liegendes *Mittelgebirge* des *Ardennisch-Rheinischen Schiefergebirges*. Flußterrassen stellen im Allgemeinen also hervorragende, *aussagekräftige Diagnosemittel* dar, mit deren Hilfe man die *Vergangenheit eines Flußes bzw. Gebirges paläogeographisch rekonstruieren* kann. (vgl. KOSTER, 2005).

Ich möchte denn nun schließen mit einem mir sehr passend erscheinenden Zitat JOHANN WOLFGANG VON GOETHES (1749 – 1832):

> *„So eine Arbeit wird eigentlich nie fertig, man muß sie für fertig erklären, wenn*
> *man nach Zeit und Umständen das Mögliche getan hat."*

B   Literaturverzeichnis

AHNERT, F. ([3]2003): Einführung in die Geomorphologie. UTB Ulmer. Stuttgart (Hohenheim).

BERENDSEN, H.J.A. (2005): The Rhine-Meuse delta at a glance. Utrecht, Delft.

BERNERS, H.P. (1983): The Quaternary Destruction of an Older, Tertiary Topography Between the Sambre and Ourthe Rivers (Southern Ardennes). In: FUCHS, K., K. VON GEHLEN, H. MÄLZER, H. MURAWSKI & A. SEMMEL (1983): Plateau Uplift. The Rhenish Shield – A Case History (*International Lithosphere Program, Publication No. 0104*). Springer-Verlag. Berlin, Heidelberg, New York, Tokyo.

DAVIS, W.M. (1912): Die erklärende Beschreibung der Landformen - Deutsche Übersetzung von A. RÜHL. Verlag B.G. Teubner. Leipzig, Berlin.

DE WIT, M.J.M., B. VAN DEN HURK, P.M.M. WARMERDAM, P.J.J.F. TORFS, E. ROULIN & W.P.A. VAN DEURSEN (2007): Impact of climate change on low-flows in the river Meuse. Springer-Verlag. Amhem, De Bilt, Wageningen, Brüssel, Rotterdam.

DEMOULIN, A., E. HALLOT & G. RIXHON (2009): Amount and controls of the Quaternary denudation in the Ardennes massif (western Europe). Verlag John Wiley & Sons, Ltd.. Liège, Brüssel.

DIERCKE ([4]2000): Weltatlas. Schulbuchverlag Westermann Schroedel Diesterweg Schöningh Winklers GmbH. Braunschweig.

GARCIA-CASTELLANOS, D., S. CLOETINGH, R.T. VAN BALEN (2000): Modelling the middle Pleistocene uplift in the Ardennes-Rhenish Massif: thermo-mechanical weakening under the Eifel? Global and Planetary Change 27.

KOSTER, E.A. (2005): The Physical Geography of Western Europe. Oxford University Press. Oxford, New York.

LUCIUS, M. (1949): Entstehung und Entwicklung des Luxemburger Flußsystems. In: Bulletins de la Société des Naturalistes Luxembourgeoise 1949: 17-48.

MEIER-HILBERT, G. (2001): Geographische Strukturen. Das natürliche Potenzial. – In: HOFFMANN / MEIER-HILBERT (2001), S.7-41.

MÜLLER-BECK, H. (2005): Die Eiszeiten. Naturgeschichte und Menschheitsgeschichte. Verlag C.H. Beck. München.

NEUGEBAUER, H.J., W.-D. WOIDT & H. WALLNER (1983): Uplift, Volcanism and Tectonics: Evidence for Mantle Diapirs at the Rhenish Massif. In: FUCHS, K., K. VON GEHLEN, H. MÄLZER, H. MURAWSKI & A. SEMMEL (1983): Plateau Uplift. The Rhenish Shield – A Case History (*International Lithosphere Program, Publication No. 0104*). Springer-Verlag. Berlin, Heidelberg, New York, Tokyo.

PISSART, A. (1961): Les terraces de la Meuse et de la Semois – La capture de la Meuse lorraine par la Meuse de Dinant. In: Annales de la Société Géologique de Belgique, T. LXXXIV: 1-108. Liège.

SCHALLER, M., F. VON BLANCKENBURG, N. HOVIUS, A. VELDKAMP, MEINDERT W. VAN DEN BERG & P.W. KUBIK (2004): Paleoerosion Rates from Cosmogenic ^{10}Be in a 1.3 Ma Terrace Sequence: Response of the River Meuse to Changes in Climate and Rock Uplift. In: The Journal of Geology (2004): Heft 112: 127-144. Chicago.

SOIL SURVEY INSTITUTE WAGENINGEN (o.J.): Appendix v.d. Broek and Maarleveld. *Karte im Maßstab 1 : 200.000*. Wageningen.

VAN BALEN, R.T., R.F. HOUTGAST, F.M. VAN DER WATEREN, J. VANDENBERGHE & P.W. BOGAART (2000): Sediment budget and tectonic evolution of the Meuse catchment in the Ardennes and the Roer Valley Rift System. In: Global and Planetary Change 27 (2000). Verlag Elsevier. Utrecht, Amsterdam.

VAN BALEN, R.T., R.F. HOUTGAST, F.M. VAN DER WATEREN & J. VANDENBERGHE (2002): Neotectonic evolution and sediment budget of the Meuse catchment in the Ardennes and the Roer Valley Rift System. In: Netherlands Journal of Geosciences / Geologie en Mijnbouw 81 (2) (2002): 211-215. Amsterdam.

VAN BALEN, R.T., R.F. HOUTGAST & S.A.P.L. CLOETINGH (2004): Neotectonics of The Netherlands: a review. In: Quaternary Science Reviews 24 (2005): 439-454. Verlag Elsevier. Amsterdam.

VAN DE WAARSENBURG, H. (2000): Maas/Meuse. In: Beschrijvingen van het meer.

VAN DEN BERG, M.W. (1994): Neotectonics of the Roer Valley rift system. Style and rate of crustal deformation inferred from syn-tectonic sedimentation. In: Geologie en Mijnbouw 73 (1994): 143-156. Verlag Kluwer. Wageningen.

VAN DEN BERG, M.W. (1996): Fluvial sequences of the Maas – a 10 Ma record of neotectonics and climate change at various time-scales. Ph. D. Thesis, Agricultural University. Wageningen.

VELDKAMP, A. & M.W. VAN DEN BERG (1993): Three-dimensional modelling of Quaternary fluvial dynamics in a climo-tectonic dependent system. A case study of the Maas record (Maastricht, The Netherlands). In: Global and Planetary Change 8 (1993): 203-218. Verlag Elsevier. Amsterdam.

VELDKAMP, A. & J.J. VAN DIJKE (1999): Simulating internal and external controls on fluvial terrace stratigraphy: a qualitative comparison with the Maas record. In: Geomorphology 33 (2000): 225-236. Verlag Elsevier. Wageningen, Delft.

WALTER, R. ([7]2007): Geologie von Mitteleuropa. E. Schweizerbart'sche Verlagsbuchhandlung (Nägele u. Obermiller). Stuttgart.

ZEPP, H. ([3]2002): Geomorphologie. Eine Einführung. *Grundriss Allgemeine Geographie.* Verlag Ferdinand Schöningh. Paderborn, München, Wien, Zürich.